Lettre sur le progrès des sciences

Monsieur de Maupertuis

s. l., 1752

Édition : BoD · Books on Demand, 31 avenue Saint-Rémy, 57600 Forbach, bod@bod.fr
Impression : Libri Plureos GmbH, Friedensallee 273, 22763 Hamburg (Allemagne)
ISBN : 978-2-3224-9775-1
Dépôt légal : juin 2025

LETTRE

SUR

LE PROGRÈS

DES

SCIENCES,

Par Monſieur DE MAUPERTUIS.

M. DCC. LII.

TABLE

DES ARTICLES.

LETTRE

'Ouvrage le plus confidérable du Chancelier Bacon eft
L le traité, *De augmentis Scientiarum*, qu'il dédia à fon
Roi comme au prince de ce tems-là le plus capable d'en
faire ufage. Je ferois bien téméraire, fi je voulois comparer
ce petit nombre de pages à ce qu'a fait ce grand homme,
auquel, dans les ouvrages les plus longs, on ne peut pas
reprocher la prolixité. Ce que je me propofe eft fort différent
de ce qu'il s'étoit propofé. Il confidéroit toute la
connoiffance humaine comme un édifice dont les Sciences
doivent former les différentes parties ; il rangea chaque
partie dans fon ordre, & fit voir fa dépendance avec les
autres & avec le tout : examinant enfuite ce qui pouvoit
manquer à chacune, il le fit avec toute la jufteffe de fon
efprit, mais dans toute la généralité qui convenoit à la
grandeur de fon plan. Je ne veux ici que fixer vos regards
fur quelques recherches utiles au genre humain, curieufes
pour les Sçavans, & dans lefquelles l'état où font

atuellement les Sciences, ſemble nous mettre à portée de réuſſir.

Comme perſonne ne ſait mieux que vous juſqu'où s'étendent nos connoiſſances ; perſonne auſſi ne jugeroit mieux de ce qui y manque & des moyens pour remplir ce vuide, ſi des ſoins encore plus importans permettoient à votre vue de ſe tourner toute de ce côté-là : mais puiſqu'un eſprit tel que le vôtre ſe doit à tout, & ne ſe doit à chaque choſe qu'à proportion du degré d'utilité dont elle eſt, permettez-moi de vous envoyer ces réflexions ſur les progrès dont il me ſemble qu'actuellement les Sciences auroient le plus de beſoin ; afin que ſi vous portez ſur les choſes que je propoſe, le même jugement que moi, vous puiſſiez en mettre quelques-unes en exécution. Quel tems pour cela ſeroit plus propre que celui où le plus grand Monarque, après tant de victoires remportées ſur ſes ennemis, fait jouir ſes peuples du repos & de l'abondance de la paix, & les a comblés de tant de ſortes de bonheur, que déſormais rien ne peut être ajouté à ſa gloire que par des moyens dont la nature eſt d'être inépuiſables ?

Il y a des ſciences ſur leſquelles la volonté des Rois n'a point d'influence immédiate : elle n'y peut procurer d'avancement, qu'autant que les avantages qu'elle attache à leur étude, peuvent multiplier le nombre & les efforts de ceux qui s'y appliquent. Mais il eſt d'autres ſciences qui, pour leur progrès, ont un beſoin néceſſaire du pouvoir des Souverains ; ce ſont toutes celles qui exigent de plus grandes dépenſes que n'en peuvent faire les particuliers, ou des expériences qui dans l'ordre ordinaire ne feroient pas pratiquables. C'eft ce que je crois qu'on pourroit faire pour le progrès de ces fciences, que je prens la liberté de vous propofer.

———

Tout le monde ſçait que dans l'hémiſphère méridional il y a un eſpace inconnu où pourroit être placée une nouvelle partie du monde plus grande qu'aucune des quatre autres : & aucun Prince n'a la curioſité de faire découvrir ſi ce ſont des terres ou des mers qui rempliſſent cet eſpace, dans un ſiécle où la navigation eſt portée à un ſi haut point de perfection ! Voici quelques réflexions à faire ſur cette matière.

Comme dans tout ce qui eſt connu du Globe, il n'y a aucun eſpace d'une auſſi vaſte étendue que cette plage inconnue, qui ſoit tout occupé par la mer, il y a beaucoup plus de probabilité qu'on y trouvera des terres, qu'une mer continue. À cette réflexion générale, on pourroit ajouter les relations de tous ceux qui, navigant dans l'hémiſphère auſtral, ont apperçu des pointes, des caps, & des ſignes certains d'un Continent dont ils n'étoient pas éloignés. Le nombre des journaux qui en font mention eſt trop grand pour les citer ici ; quelques-uns de ces caps les plus avancés ſont déjà marqués ſur les cartes.

La Compagnie des Indes de France envoya, il y a quelques années, chercher des Terres Auſtrales entre l'Amérique & l'Afrique. Le Capitaine Lozier qui étoit chargé de cette expédition, navigant vers l'eſt, entre ces deux parties du monde, trouva pendant une route de 48 degrés des ſignes continuels de terres voiſines, & apperçut enfin, vers le 52ᵉ degré de latitude, un cap où les glaces l'empêchèrent de débarquer.

Si l'on ne cherchoit des Terres Auſtrales que dans la vue d'y trouver un port pour la navigation des Indes orientales comme c'étoit l'objet de la Compagnie, on pourroit faire voir qu'on n'avoit pas pris les meſures les plus juſtes pour cette entrepriſe, qu'on l'a trop tôt abandonnée, & l'on pourroit auſſi donner quelques conſeils pour mieux réuſſir : mais comme on ne doit pas borner la découverte des Terres Auſtrales à l'utilité d'un tel port, & que même je crois que ce ſeroit un des moindres objets qui devroient la faire entreprendre ; les terres ſituées à l'eſt du cap de Bonne-eſpérance, mériteroient beaucoup plus d'être cherchées que celles qui ſont entre l'Amérique & l'Afrique.

En effet, on voit par les caps qui ont été apperçus, que les Terres Auſtrales à l'eſt de l'Afrique s'approchent beaucoup plus de l'équateur, & qu'elles s'étendent juſqu'à ces climats où l'on trouve les productions les plus précieuſes de la Nature.

Il ſeroit difficile de faire des conjectures un peu fondées, ſur les productions & ſur les habitans de ces terres ; mais il y a une remarque bien capable de piquer la curioſité, & qui pourroit faire ſoupçonner qu'on y trouveroit des choſes fort différentes de celles qu'on trouve dans les quatre autres parties du monde. On eſt aſſuré que trois de ces parties, l'Europe, l'Afrique & l'Aſie, ne forment qu'un ſeul continent : l'Amérique y eſt peut-être jointe ; mais ſi elle en eſt ſéparée, & que ce ne ſoit que par quelque détroit, il aura toûjours pû y avoir une communication entre ces quatre parties du monde : les mêmes plantes, les mêmes animaux, les mêmes hommes auront dû s'y étendre de proche en proche autant que la différence des climats leur aura permis de vivre & de ſe multiplier, & n'auront reçu d'altérations que celles que cette différence aura pû leur cauſer. Mais il n'en eſt pas de même des eſpèces qui peuvent ſe trouver dans les Terres Auſtrales, elles n'ont pû ſortir de leur continent. On a fait pluſieurs fois le tour du Globe, & l'on a toûjours laiſſé ces terres du même côté : il eſt certain qu'elles ſont abſolument iſolées, qu'elles forment, pour ainſi dire, un nouveau monde à part, dans lequel on ne peut prévoir ce qui ſe trouveroit. La découverte de ces terres pourroit donc offrir de grandes utilités pour le commerce, & de merveilleux ſpectacles pour la Phyſique.

Au reſte, les Terres Auſtrales ne ſe bornent pas à ce grand continent, ſitué dans l'hémiſphère auſtral. Il y a vraiſemblablement entre le Japon & l'Amérique un grand nombre d'iſles dont la découverte pourroit être bien importante. Croira-t-on que ces précieuſes épices devenues néceſſaires à toute l'Europe, ne croiſſent que dans quelques-unes de ces iſles, dont une ſeule nation s'eſt emparée ? Elle-même peut-être en connoît bien d'autres qui les produiſent également, mais qu'elle a grand intérêt de ne pas faire connoître.

C'eſt dans les iſles de cette mer que les voyageurs nous aſſurent avoir vû des hommes Sauvages ; des hommes velus, portant des queues, une eſpèce mitoyenne entre les singes & nous. J'aimerois mieux une heure de converſation avec eux, qu'avec le plus bel-eſprit de l'Europe.

Mais ſi la Compagnie des Indes s'attachoit à chercher, pour ſa navigation, quelque port dans les Terres Auſtrales entre l'Amérique & l'Afrique, je ne crois pas qu'elle dût être rebutée par le peu de ſuccès de la première entrepriſe : il me ſemble au contraire que la relation du voyage du Capitaine Lozier pourroit engager la Compagnie à la pourſuivre ; car il s'eſt aſſuré de l'exiſtence de ces terres, il les a vues : s'il n'en a pû approcher de plus près, ç'a été par des obſtacles qui pouvoient être évités ou vaincus.

Ce furent les glaces qui l'empêchèrent d'atterrer. Il fut ſurpris d'en trouver au 50e degré de latitude, pendant le ſolſtice d'été. Il devoit ſçavoir, que toutes choſes d'ailleurs égales, dans l'hémiſphère auſtral le froid eſt plus grand en hiver, & le chaud plus grand en été, que dans l'hémiſphère ſeptentrional ; parce que, quoique ſous une même latitude pour l'un & l'autre hémiſphère la poſition de la ſphère ſoit la même, les diſtances de la Terre au Soleil ne ſont pas les mêmes dans les ſaiſons correſpondantes. Dans notre hémiſphère, l'hiver arrive lorſque la Terre eſt à ſa plus petite diſtance du Soleil, & cette circonſtance diminue la force du froid : dans l'hémiſphère auſtral, au contraire, on a l'hiver lorſque la Terre eſt à ſon plus grand éloignement du Soleil, & cette circonſtance augmente la force du froid. Mais il eût été encore plus néceffaire de penfer, que dans tous les lieux où la fphère eft oblique, les tems les plus chauds n'arrivent qu'après le folftice d'été, & qu'ils arrivent d'autant plus tard que les climats font plus froids. Cela eft connu de tous les phyficiens, & de tous ceux qui ont voyagé vers les poles. Dans l'hémifphère feptentrional, on voit fouvent en plein folftice la glace couvrir encore des mers, où un mois après on n'en trouveroit pas un atôme : on y reffent même de grandes chaleurs ; & c'eft dans ce tems-là, c'eft-à-dire, au tems du plus grand froid dans l'hémifphère oppofé, qu'il faut entreprendre d'approcher des terres voifines des poles. Dans ces climats, dès que les glaces commencent une fois à fondre, elles fondent très-vîte ; & en peu de jours la mer en eft délivrée. Si donc, au lieu d'arriver au tems du folftice aux latitudes où M. Lozier cherchoit ces terres, il fût arrivé un mois plus tard, il y a toute apparence qu'il n'eût trouvé aucune glace.

Au refte, les glaces ne font point, pour aborder une terre, des obftacles invincibles. Si elles font flottantes, les pêcheurs de baleines, & tous ceux qui ont fait des navigations dans le nord, fçavent qu'elles n'empêchent pas de naviguer : & quant aux glaces qui tiennent aux terres, les habitans des bords des golfes de Finlande & de Bothnie ont tout l'hiver des routes fur les glaces, & y pratiquent fouvent des chemins par préférence à ceux qu'ils pourroient fe faire fur la terre. Les peuples du nord ont encore une pratique affez fimple & affez fûre, lorfqu'ils font obligés de féjourner fur des glaces qui commencent à fe brifer ; c'eft d'y tranſporter des bateaux légers, qu'ils traînent par-tout où ils vont, & dans leſquels ils peuvent aller d'une glace à l'autre.

Toutes ces choſes ſont fort connues dans les pays du nord : & ſi ceux que la Compagnie des Indes avoit envoyés chercher les terres auſtrales, euſſent eu plus de connoiſſance du phyſique de ces climats, & des reſſources qu'on y emploie, il eſt à croire qu'en arrivant plus tard ils n'auroient pas trouvé de glaces ; ou que les glaces qu'ils trouvèrent ne les auroient pas empêchés d'aborder une terre qui, ſelon leur relation, n'étoit éloignée d'eux que d'une ou deux lieues.

Ce n'eſt point donner dans les viſions ni dans une curioſité ridicule que de dire que cette terre des Patagons, ſituée à l'extrémité auſtrale de l'Amérique, mériteroit d'être examinée. Tant de relations dignes de foi nous parlent de ces géans, qu'on ne ſauroit guère raiſonnablement douter qu'il n'y ait dans cette région des hommes dont la taille eſt fort différente de la nôtre. Les Tranſactions philoſophiques de la Société royale de Londres parlent d'un crâne qui devoit avoir appartenu à un de ces géans, dont la taille, par une comparaiſon très-exacte de ſon crâne avec les nôtres, devoit être de dix ou douze pieds. À examiner philoſophiquement la choſe, on peut s'étonner qu'on ne trouve pas entre tous les hommes que nous connoiſſons, la même variété de grandeur qu'on obſerve dans pluſieurs autres eſpèces : pour ne s'écarter que le moins qu'il eſt poſſible de la nôtre, d'un ſapajou à un gros ſinge il y a plus de différence que du plus petit Lappon au plus grand de ces géans dont les voyageurs nous ont parlé.

Ces hommes mériteroient ſans doute d'être connus : la grandeur de leur corps ſeroit peut-être la moindre choſe à obſerver ; leurs idées, leurs connoiſſances, leurs hiſtoires ſeroient bien encore d'une autre curioſité.

Après la découverte des terres auſtrales, il en eſt une autre toute oppoſée qui feroit à faire dans les mers du nord : c'eſt celle de quelque paſſage qui rendroit le chemin des Indes beaucoup plus court que celui que tiennent les vaiſſeaux, qui font juſque ici obligés de doubler les pointes méridionales de l'Afrique ou de l'Amérique. Les Anglois, les Hollandois, les Danois ont ſouvent tenté de découvrir ce paſſage, dont l'utilité n'eſt pas douteuſe, mais dont la poſſibilité eſt encore indéciſe. On a cherché ce paſſage au nord-eſt & au nord-oueſt, ſans l'avoir pû trouver : cependant ces tentatives infructueuſes pour ceux qui les ont faites, ne le font pas pour ceux qui voudroient pourſuivre cette recherche ; elles ont appris que s'il y a un paſſage par l'un ou l'autre de ces deux côtés où on l'a cherché, il doit être extrêmement difficile : il faudroit paſſer par des détroits qui dans ces mers ſeptentrionales font preſque toûjours bouchés par les glaces.

L'opinion à laquelle font revenus ceux qui ont cherché ce paſſage, eſt que ce feroit par le nord même qu'il le faudroit tenter. Dans la crainte d'un trop grand froid ſi on s'élevoit trop vers le pole, on ne s'eſt point aſſez éloigné des terres, & l'on a trouvé les mers fermées par les glaces ; ſoit que les lieux par où l'on vouloit paſſer ne fuſſent en effet que des golfes, soit que ce fussent de véritables détroits. C'est une espèce de paradoxe de dire que plus près du pole, on eût trouvé moins de glaces & un climat plus doux : mais outre quelques relations qui assurent que les Hollandois s'étant fort approchés du pole, avoient en effet trouvé une mer ouverte & tranquille, & un air tempéré, la physique & l'astronomie le peuvent faire croire. Si ce sont de vastes mers qui occupent les régions du pole, on y trouvera moins de glaces que dans des lieux moins septentrionaux, où les mers seront resserrées par les terres ; & la présence continuelle du soleil sur l'horison pendant six mois, peut causer plus de chaleur que son peu d'élévation n'en fait perdre.

Je croirois donc que ce seroit par le pole même qu'il faudroit tenter ce passage. Et dans le même tems qu'on pourroit espérer de faire une découverte d'une grande utilité pour le commerce, c'en seroit une curieuse pour la connoissance du globe, que de savoir si ce point autour duquel il tourne est sur la terre ou sur la mer ; d'y observer les phénomènes de l'aimant dans la source d'où ils semblent partir ; d'y décider si les aurores boréales sont causées par une matière lumineuse qui s'échappe du pole ; ou du moins si le pole est toûjours inondé de la matière de ces aurores.

Je ne parle point ici de certaines difficultés attachées à cette navigation. Plus on approche du pole, plus les secours qu'offre la science du pilote diminuent ; & au pole même, plusieurs cessent tout à fait. On pourroit donc éviter ce point fatal : mais si l'on y étoit arrivé, il faudroit commencer sa route en quelque ſorte au hazard, juſqu'à ce qu'on s'en fût éloigné d'une diſtance qui permît de reprendre l'uſage des règles de la navigation. Je ne m'étends pas ſur cela, je ne me ſuis propoſé que de vous parler des découvertes qui m'ont paru les plus importantes ; c'eſt après le choix que vous en ferez qu'on pourroit diſcuter les moyens qu'on croiroit les plus convenables pour l'exécution. Mais ſi un grand Prince deſtinoit tous les ans deux ou trois vaiſſeaux à ces entrepriſes, la dépenſe ſeroit peu conſidérable : indépendamment du ſuccès, elle ſeroit utile pour former les capitaines & les pilotes à tous les événemens de la navigation ; & il ne ſeroit guère poſſible qu'entre tant de choſes qui reſtent inconnues ſur notre globe, on ne parvînt à quelque grande découverte.

———

Lorsque l'on considère l'usage qu'on fait de la direction de l'aimant vers le pole, on ne peut guère s'empêcher de croire que cette merveilleuse propriété lui a été donnée, pour conduire le navigateur. Mais puisque cette propriété, qui n'est encore connue qu'imparfaitement, nous procure déjà tant d'utilité, il y a grande apparence qu'elle nous en procureroit encore davantage, si elle étoit entièrement connue.

La direction de l'aimant en général vers le pole, sert à diriger nos routes : mais les écarts de cette direction, soumis sans doute à quelque loi encore peu connue, seront vraisemblablement de nouveaux moyens que la nature réserve au navigateur, pour lui faire connoître le point du globe où il se trouve.

L'Angleterre donna autrefois à M. Halley, le commandement d'un vaisseau destiné au progrès des sciences maritimes. Après une navigation dans les deux hémisphères, ce grand Astronome ébaucha sur le globe le trait d'une ligne, dans laquelle toutes les aiguilles aimantées se dirigeoient exactement vers le nord, & en s'écartant de laquelle, on voyoit croître leurs déclinaisons. Une telle ligne bien constatée, pourroit en quelque sorte suppléer à ce qui nous manque pour la connoissance des longitudes sur mer :

par la déclinaison de l'aiguille, observée dans chaque lieu, l'on jugeroit de la position orientale ou occidentale de ce lieu.

D'autres Géographes ont cru que la ligne de M. Halley n'étoit pas unique fur le globe, qu'il s'en trouvoit encore quelqu'autre qui avoit le même avantage. Comme la déclinaison de l'aimant varie dans un même lieu, ces lignes fans déclinaison ne doivent pas demeurer dans une position constante : mais fi, comme il est vraisemblable, leur mouvement est régulier, & fi nous parvenons à le connoître, leur utilité fera toûjours la même. Il faut avouer que les travaux de M. Halley n'ont pas mis la chose dans une parfaite évidence : mais peut-on espérer que de fi grandes entreprises s'achèvent dans une première tentative ? & pour une découverte d'une pareille importance, peut-on épargner les moyens ?

On ne sauroit donc trop recommander aux navigateurs de faire partout où ils pourront, les observations les plus exactes fur la déclinaison de l'aiguille aimantée : ces observations leur font déjà nécessaires pour connoître la vraie direction de leur route, & ils les font ; mais ils ne les font pas avec le foin nécessaire, quoiqu'on leur en ait donné les moyens, en remarquant les précautions qu'il faut prendre pour observer l'amplitude & l'azimuth avec le plus d'avantage qu'il est possible, & en perfectionnant avec succès les compas de variation[1].

Les différentes inclinaisons de l'aiguille aimantée en différens lieux ont fait penser à d'habiles hydrographes, qu'on en pourroit encore tirer quelque nouveau moyen pour connoître fur mer les lieux où l'on eft. Ces obfervations qui ont donné lieu à de favantes recherches[2] font encore plus difficiles à exécuter que celles de la déclinaifon, & ne peuvent guère fe faire en mer avec l'exactitude néceffaire ; mais il faudroit les faire fur terre dans toutes les différentes régions : car autre chofe eft de faire des obfervations pour découvrir une théorie, ou d'en faire pour fe fervir d'une théorie déjà connue.

---

1. ↑ Voy. Pièces des Prix de l'Académie des Sciences de Paris, 1731 & Mémoires de la même Académie, 1733.
2. ↑ Pièces des Prix de l'Académie des Sciences de Paris, années 1743 & 1746.

Telles font les principales découvertes à tenter par mer : il en eft d'autres dans les terres qui mériteroient auffi qu'on les entreprît. Ce continent immenfe de l'Afrique, fitué dans les plus beaux climats du monde, autrefois habité par les nations les plus nombreufes & les plus puiffantes, rempli des plus fuperbes villes ; tout ce vafte continent nous eft prefqu'auffi peu connu que les terres auftrales. Nous arrivons fur les bords, nous n'avons jamais pénétré dans l'intérieur du pays : cependant fi l'on confidère fa pofition dans les mêmes climats que les lieux de l'Amérique les plus fertiles en or & en argent : fi l'on penfe aux grandes richeffes de l'ancien monde, qui en étoient tirées, à l'or même que quelques Sauvages, fans induftrie en tirent encore ; on pourra croire que les découvertes qui fe feroient dans le continent de l'Afrique, ne feroient pas infructueufes pour le commerce. Si on lit ce que les anciennes hiftoires nous rapportent des fciences & des arts des peuples qui l'habitoient ; fi l'on confidère les merveilleux monumens qu'on en voit encore dès que l'on aborde aux rivages de l'Égypte, on ne pourra douter que ce pays ne fût bien digne de notre curiofité.

Pyramides & Cavités.

Ce n'eſt pas ſans raiſon qu'on a compté parmi les merveilles du monde, ces maſſes prodigieuſes de terre & de pierre, dont l'uſage pourtant paroît ſi frivole, ou du moins nous eſt reſté ſi inconnu. Les Égyptiens au lieu de vouloir inſtruire les autres peuples, ſemblent n'avoir jamais penſé qu'à les étonner : il n'eſt cependant guère vraiſemblable que ces pyramides énormes n'aient été deſtinées qu'à renfermer un cadavre ; elles cachent peut-être les monumens les plus ſinguliers de l'hiſtoire & des ſciences de l'Égypte. On raconte qu'il y a 900 ans, un Calife curieux fit tant travailler pour en ouvrir une, qu'on parvint à y découvrir une petite route qui conduit à une ſalle, dans laquelle on voit encore un coffre de marbre, ou une eſpèce de cercueil ; mais quelle partie ce qu'on a découvert occupe-t-il d'un tel édifice ? n'eſt-il pas fort probable que bien d'autres choſes y ſont renfermées ? L'uſage de la poudre rendroit aujourd'hui facile, le bouleverſement total d'une de ces pyramides, & le Grand-Seigneur les abandonneroit ſans peine à la moindre curioſité d'un roi de France.

J'aimerois cependant bien mieux que les rois d'Égypte euſſent employé ces millions d'hommes qui ont élevé les pyramides dans les airs, à creuſer dans la terre des cavités, dont la profondeur répondît à ce que les ouvrages de ces

Princes avoient de gigantesque. Nous ne connoissons rien de la terre intérieure ; nos plus profondes mines entament à peine sa première écorce. Si l'on pouvoit parvenir au noyau, il est à croire qu'on trouveroit des matières fort différentes de celles que nous connoissons, & des phénomènes bien singuliers. Cette force tant disputée, qui, répandue dans tous les corps, explique si bien toute la Nature, n'est encore connue que par des expériences faites à la superficie de la Terre ; il seroit à souhaiter qu'on pût en examiner les phénomènes dans ces profondes cavités.

Nous ne pouvons guère douter que pluſieurs nations des plus éloignées n'aient bien des connoiſſances qui nous feroient utiles. Quand on conſidère cette longue ſuite de ſiècles pendant leſquels les Chinois, les Indiens, les Égyptiens ont cultivé les ſciences ; & les ouvrages de l'art qui nous viennent de leurs pays, on ne peut s'empêcher de regretter qu'il n'y ait pas plus de communication entre eux & nous. Un Collége où l'on trouveroit raſſemblés des hommes de ces nations bien inſtruits dans les ſciences de leur pays & qu'on inſtruiroit dans la langue du nôtre, feroit ſans doute un bel établiſſement, qui ne feroit pas fort difficile. Peut-être n'en faudroit-il pas exclurre les nations les plus ſauvages.

———

Ville Latine.

Toutes les nations de l'Europe conviennent de la néceſſité de cultiver une langue, qui, quoique morte depuis longtems, ſe trouve encore aujourd'hui la langue de toutes la plus univerſelle, mais qu'il faut aller chercher le plus ſouvent chez un Prêtre ou chez un Médecin. Si quelque Prince vouloit, il lui ſeroit facile de la faire revivre ; il ne faudroit que confiner dans une même ville tout le latin de ſon pays, ordonner qu'on n'y prêchât, qu'on n'y plaidât, qu'on n'y jouât la Comédie qu'en latin. Je crois bien que le Latin qu'on y parleroit ne ſeroit pas celui de la Cour d'Auguſte, mais auſſi ce ne ſeroit pas celui des Polonois ; & la jeuneſſe qui viendroit de bien des pays de l'Europe dans cette ville, y apprendroit en un an plus de latin qu'elle n'en apprend en cinq ou ſix ans dans les Colléges.

———

Astronomie.

Il semble qu'on ne tire point assez d'avantages de ces magnifiques Observatoires, de ces excellens instrumens, de ce grand nombre d'observateurs habiles qu'on a dans différens lieux de l'Europe. On diroit que la plûpart des Astronomes croient leur art fini, & ne font plus que répéter par une espèce de routine les observations des hauteurs du soleil, de la lune, & de quelques étoiles, avec leurs passages par le méridien. Ces observations ont bien leur utilité, mais il seroit à souhaiter que les Astronomes sortissent de ces limites.

On croyoit que les étoiles qu'on appelle *Fixes*, étoient toujours vûes dans les mêmes points du ciel. Des observations plus soigneuses & plus exactes, faites dans ces derniers tems, nous ont appris qu'outre l'apparence du mouvement qui resulte de la précession des équinoxes, les étoiles avoient encore un autre mouvement apparent. Quelque Astronome précipité en conclut une parallaxe pour l'orbe annuel : un plus habile, celui-là même qui avoit découvert ce mouvement, fit voir qu'il étoit indépendant de la parallaxe, & en trouva la véritable cause dans la combinaison du mouvement de la lumière avec le mouvement de la Terre. Le même M. Bradley a découvert encore l'apparence d'un nouveau mouvement à peine fenfible, qu'il attribue avec beaucoup de probabilité à l'action de la lune fur le fphéroïde terreftre. Mais n'y a-t-il point un mouvement réel dans quelques étoiles ? Quelques Aftronomes en ont déjà découvert ou foupçonné un, & il eft à croire que fi l'on s'appliquoit davantage à cette recherche, on découvriroit quelque chofe de plus : foit que ces étoiles foient affez déplacées par les planètes ou les comètes qui peuvent faire leurs révolutions autour d'elles, foit que quelques-unes de ces étoiles foient elles-mêmes des planètes lumineufes de quelque corps central, opaque ou invifible pour nous.

Enfin n'y auroit-il point quelque étoile réellement fixe, dont le mouvement apparent nous découvriroit la parallaxe de l'orbe annuel ? La trop grande diftance où les étoiles font de la Terre, cache cette parallaxe dans celles que l'on a obfervées ; mais eft-ce une preuve qu'aucune des autres ne la pourroit laiffer apercevoir ? On s'eft attaché aux étoiles les plus lumineufes comme à celles qui, étant les plus proches de la Terre, feroient les plus propres à cette découverte ; mais pourquoi les a-t-on cru les plus proches ? Ce n'eft que parce qu'on les a toutes fuppofées de la même grandeur & de la même matière : mais qui nous a dit que leur matière & leur grandeur fuffent les mêmes dans toutes ? L'étoile la plus petite ou la moins brillante pourroit être celle qui eft la plus proche de nous.

Si dans ces pays où il y a un nombre fuffifant d'obfervateurs, on diftribuoit à chacun un certain efpace du ciel, une zone de deux ou trois degrés parallèle à l'équateur, dans laquelle chacun examinât bien toutes les étoiles qui s'y trouvent, vraiſemblablement on découvriroit bien des phénomènes inattendus.

Rapprochons nous de notre Soleil. Nous voyons Saturne avec cinq Satellites, Jupiter avec quatre, la Terre avec un. Il eſt aſſez probable que ſur ſix planètes, trois ayant des Satellites, les trois autres n'en ſont pas abſolument dépourvues. On a déjà cru en apercevoir quelqu'un autour de Vénus : ces obſervations n'ont point eu de ſuite ; mais on ne devroit pas les abandonner.

Rien n'avanceroit plus ces découvertes que la perfection des téleſcopes. Je ne crois pas qu'on pût promettre de trop grandes récompenſes à ceux qui parviendroient à en faire de ſupérieurs à ceux que l'on a déjà. On a ſi ſouvent fait voir que la connoiſſance de la longitude ſur mer dépendroit d'un tel téleſcope, ou d'une horloge qui conſerveroit l'égalité de ſon mouvement malgré l'agitation du vaiſſeau, ou d'une théorie exacte de la lune, qu'il me paroît ſuperflu d'en parler encore. Mais je ne ſaurois m'empêcher de dire, qu'on ne peut trop encourager ceux qui ſeroient en état de perfectionner quelqu'un de ces différens moyens.

Parallaxe de la lune, & ſon uſage pour connoître la figure de la terre.

La France a exécuté la plus grande choſe qui ait jamais été faite pour les ſciences lorſqu'elle a envoyé à l'équateur & au pole des troupes de mathématiciens pour découvrir la figure de la Terre. La dernière entrepriſe pour déterminer la parallaxe de la lune par des obſervations faites en même tems à l'extrémité méridionale de l'Afrique, & dans les parties ſeptentrionales de l'Europe, peut être comparée à la première : mais il eſt à ſouhaiter qu'on ne manque pas cette occaſion de lier enſemble les ſolutions de ces deux grands problémes, qui en effet ont entr'eux un rapport très-immédiat.

Les meſures des degrés du méridien priſes en France à de trop petites diſtances les unes des autres, n'avoient pu faire connoître la figure de la Terre, parce qu'outre qu'elles ne pouvoient donner que les courbures du méridien aux lieux obſervés, les différences qui s'y trouvoient, étoient trop peu conſidérables pour que l'on y pût compter. Les meſures qu'on a priſes des degrés du méridien ſéparés par de grandes diſtances, comme de la France au Pérou, ou en Lapponie, n'ont pas à la vérité ce dernier défaut, mais elles ont une partie de la même inſuffiſance ; elles n'ont donné avec certitude que les différentes courbures du méridien dans ces lieux, & ne fauroient nous affurer que dans les intervalles qui les féparent, cette courbure fuive aucune des loix qu'on a fuppofées.

Enfin on ne fauroit par les obfervations pratiquées jufqu'ici connoître la corde de l'arc aux extrémités duquel elles ont été faites ; ce qui pourtant eft néceffaire, fi l'on veut être affuré de la figure de la Terre : car le méridien pourroit avoir telles figures, que quoiqu'à des latitudes données les courbures fuffent telles qu'on les a trouvées, les cordes des arcs compris entre ces latitudes fuffent pourtant fort différentes : de ce qu'on a conclu, après toutes les opérations faites au Pérou, en France & au pole, il fe pourroit faire que la corde de l'arc compris entre Quito & Paris, & celle de l'arc entre Paris & Pello, euffent un rapport fi différent de celui qu'on a fuppofé d'après les courbures, que la figure de la Terre s'écarteroit beaucoup de celle qu'on croit qu'elle a.

Il y a plus ; c'eft qu'aucune mefure n'ayant été prife dans l'hémifphère méridional, on pourroit douter que cet hémifphère fût femblable à l'autre, & fi la Terre ne feroit point formée de deux demi-fphéroïdes inégaux, appuyés fur une même bafe.

Les obfervations de la parallaxe de la lune peuvent lever tous ces doutes, en déterminant le rapport des cordes des différens arcs du méridien : car ces cordes étant les bafes des triangles formés par les deux lignes tirées de deux points de la terre à la lune ; des obfervations de la lune faites dans trois points du même méridien, donneront immédiatement le rapport de ces cordes. Un obſervateur étant au cap de Bonne-eſpérance, & l'autre à Pello, il en faudroit un troiſième en Afrique vers Tripoli, ou plus au Sud. Et je crois qu'il ne faudroit pas manquer cette circonſtance, qui, dans le même tems qu'elle ſeroit fort utile pour confirmer la parallaxe de la lune, ſerviroit à faire connoître la figure de la Terre mieux qu'on ne l'a encore connue.

———

C'eſt une choſe qu'on a déjà ſouvent propoſée, qui a eu même l'approbation de quelques Souverains, & qui cependant eſt toûjours reſtée ſans exécution ; que dans le châtiment des criminels, dont l'objet juſqu'ici n'eſt que de rendre les hommes meilleurs, ou peut-être ſeulement plus ſoumis aux loix, on ſe propoſât encore des utilités d'un autre genre. Ce ne ſeroit que remplir plus complètement l'objet de ces châtimens, qui eſt en général le bien de la ſociété.

On pourroit par-là s'inſtruire ſur la poſſibilité ou l'impoſſibilité de pluſieurs opérations que l'Art n'oſe entreprendre : & de quelle utilité n'eſt pas la découverte d'une opération, qui ſauve toute une eſpèce d'hommes abandonnés ſans eſpérance à de longues douleurs & à la mort !

Pour tenter ces nouvelles opérations, il faudroit que le criminel en préférât l'expérience au genre de mort qu'il auroit mérité : il paroîtroit juſte d'accorder la grace à celui qui y ſurvivroit, ſon crime étant en quelque façon expié par l'utilité qu'il auroit procurée.

Il y a peu d'hommes condamnés à la mort, qui ne lui préféraſſent l'opération la plus douloureuſe, celle même où il y auroit le moins d'eſpérance : cependant le ſuccès de l'opération & l'humanité exigeant qu'on diminuât les douleurs & le péril le plus qu'il feroit poffible, il faudroit qu'on s'exerçât d'abord fur des cadavres, enfuite fur les animaux, fur-tout fur ceux dont les parties ont le plus de conformité avec celles de l'homme, enfin fur le criminel.

Je ne prefcris point ici les opérations par lefquelles on devroit commencer : ce feroit fans doute par celles auxquelles la nature ne fupplée jamais, & pour lefquelles jufqu'ici l'art n'a point de remède. Un rein pierreux, par exemple, caufe les douleurs les plus cruelles, que la nature ni l'art ne peuvent guérir : l'ulcère d'une autre partie fait fouffrir aux femmes des maux affreux & jufqu'à ce jour incurables. Qu'eft-ce qu'on ne pourroit pas alors tenter ? Ne pourroit-on pas même effayer d'ôter ces parties ? On délivreroit ces infortunés de leurs maux, ou on ne leur feroit perdre qu'une vie pire que la mort, en leur laiffant jufqu'à la fin l'efpérance.

Je fais quelles oppofitions trouvent toutes les nouveautés : on aime mieux croire l'art parfait que de travailler à le perfectionner. Peut-être les gens de l'art eux-mêmes traiteront-ils d'impoffibles des opérations qu'ils n'ont pas faites, ou qu'ils n'ont pas vû décrites dans leurs livres. Mais qu'ils entreprennent, & ils pourront fe trouver bien plus heureux, ou même plus habiles qu'ils ne croient : la nature, par des moyens qu'ils ignorent, travaillera toûjours de concert avec eux. Je ferai moins étonné de leur timidité, que je ne le fuis de l'audace de celui qui le premier a ouvert la veffie pour y aller chercher la pierre, de celui qui a fait un trou au crâne, de celui qui a ofé percer l'œil.

Je verrois volontiers la vie des criminels ſervir à ces opérations, quelque peu qu'il y eût d'eſpérance de réuſſir : mais je croirois même qu'on pourroit, ſans ſcrupule, l'expoſer pour des connoiſſances d'une utilité plus éloignée. Peut-être feroit-on bien des découvertes ſur cette merveilleuſe union de l'ame & du corps, ſi l'on oſoit en aller chercher les liens dans le cerveau d'un homme vivant. Qu'on ne ſe laiſſe point émouvoir par l'air de cruauté qu'on pourroit croire trouver ici. Un homme n'eſt rien, comparé à l'eſpèce humaine ; un criminel eſt encore moins que rien.

Il y a, dans le royaume, des ſcorpions, des araignées, des ſalamandres, des crapauds, & pluſieurs eſpèces de ſerpens. On redoute également ces animaux : cependant il eſt très-vraiſemblable qu'ils ne ſont pas tous également à craindre : mais il eſt vrai auſſi qu'on n'a point aſſez d'expériences ſur leſquelles on puiſſe compter, pour diſtinguer ceux qui ſont nuiſibles, de ceux qui ne le ſont pas. Il en eſt ainſi des plantes ; pluſieurs paſſent pour des poiſons, qui ne ſeroient peut-être que des alimens ou des remèdes, mais ſur leſquelles on demeure dans l'incertitude. On ne ſait point encore ſi l'opium pris dans la plus forte doſe fait mourir ou dormir : on ignore ſi cette plante qu'on voit croître dans nos champs ſous le nom de cigue, eſt ce poiſon doux & favori des anciens, ſi propre à terminer les jours de ceux qu'il falloit retrancher de la ſociété, ſans qu'ils méritaſſent d'être punis. Rien ne cauſe plus de terreur que la morſure d'un chien enragé : cependant les remèdes qu'on y emploie, & dont on croit avoir éprouvé le ſuccès, peuvent trèsraiſonnablement faire douter de la réalité de ce poiſon, dont la frayeur, peut-être, a cauſé les effets les plus funeſtes. La vie des criminels ne ſeroit-elle pas bien employée à des expériences qui ſerviſſent, dans tous ces cas, à raſſurer, ou préſerver, ou guérir ?

Nous nous moquons, avec raiſon, de quelques nations qu'un reſpect mal entendu pour l'humanité a privées des connoiſſances qu'elles pouvoient tirer de la diſſection des cadavres : nous ſommes peut-être ici encore moins raiſonnables, ſi nous ne mettons pas à profit une peine dont le public pourroit retirer une grande utilité, & qui pourroit devenir avantageuſe même à celui qui la ſouffriroit.

Obſervations ſur la Médecine.

On reproche ſouvent aux Médecins d'être trop téméraires ; moi je leur reprocherois de manquer de hardieſſe. Ils ne ſortent point aſſez d'un petit cercle de médicamens qui n'ont point les vertus qu'ils leur ſuppoſent, & n'en éprouvent jamais d'autres, qui peut-être les auroient. C'eſt au haſard & aux nations ſauvages qu'on doit les ſeuls ſpécifiques qui ſoient connus ; nous n'en devons pas un ſeul à la ſcience des Médecins.

Quelques remèdes ſinguliers, qui paroiſſent avoir eu quelquefois de bons ſuccès, ne ſemblent point avoir été aſſez pratiqués. On prétend avoir guéri des malades en les arroſant d'eau glacée ; on en guériroit peut-être en les expoſant au plus grand degré de chaleur. On cherche ici à les faire tranſpirer : en Égypte on les couvre de poix pour empêcher la tranſpiration. Tout cela mériteroit d'être éprouvé.

Un Géomètre propoſoit une fois, que pour dégager quelque partie où le ſang ſe trouveroit en trop grande abondance, ou pour le faire couler dans d'autres parties, on ſe ſervît de la force centrifuge : le pirouettement, & la machine qu'il falloit pour cela, firent rire une grave aſſemblée, & ſur-tout les Médecins qui s'y trouvoient ; il auroit mieux valu en faire l'expérience.

Les Japonnois ont un genre de médecine fort différente de la nôtre. Au lieu de ces poudres & de ces pilules dont nos Médecins farciſſent leurs malades, les Médecins Japonnois, tantôt les percent d'une longue aiguille, tantôt leur brûlent différentes parties du corps : & un homme d'eſprit, bon obſervateur, & qui s'entendoit à la médecine, avoue qu'il a vû ces remèdes opérer des cures merveilleuſes. On a fait en Europe quelques eſſais du *Moxa*, qui eſt la brûlure ; mais ces expériences ne me paroiſſent point avoir été aſſez ſuivies : & dans l'état où eſt la médecine, je crois que celle du Japon mériteroit autant d'être expérimentée que la nôtre.

J'avouerai que les cas ſont rares où le Médecin devroit éprouver ſur un malade, des moyens de guérir nouveaux & dangereux ; mais il eſt des cas pourtant où il le faudroit. Dans ces maladies qui attaquent toute une province, ou toute une nation, qu'eſt-ce que le Médecin ne pourroit pas entreprendre ? Il faudroit qu'il tentât les remèdes & les traitemens les plus ſinguliers & les plus haſardeux : mais il faudroit que ce ne fût qu'avec la permiſſion d'un Magiſtrat éclairé, qui auroit égard à l'état phyſique & moral du malade ſur lequel ſe feroit l'expérience.

Je croirois fort avantageux que chaque eſpèce de maladie fût aſſignée à certains Médecins qui ne s'occupaſſent que de celle-là. Chaque partie de nos beſoins les plus groſſiers a un certain nombre d'ouvriers qui ne travaillent que pour elle : la conſervation & le rétabliſſement de nos corps dépendent d'un art plus difficile & plus compliqué que ne le ſont enfemble tous les autres arts ; & toutes les parties en font confiées à un feul !

Différens Médecins qui traitent la petite vérole tout différemment, ont à peu près le même nombre de bons & de mauvais fuccès ; & ce nombre eft encore affez le même dans ceux dont la maladie eft abandonnée à la nature. N'eft-ce pas une preuve certaine que non feulement on n'a point encore de remède fpécifique pour cette maladie, mais qu'on n'a pas encore trouvé de traitement qui y foit certainement utile ? n'eft-ce pas la preuve que ces cures que le Médecin croit obtenir de fon art, ne font dues qu'à la nature, qui a guéri le malade, de quelque manière qu'il ait été traité.

Je fais que les Médecins diront que les maladies recevant des variétés du tempérament & de plufieurs circonftances particulières du malade, la même ne doit pas toûjours être traitée de la même manière. Cela peut être vrai dans quelques cas rares ; mais en général ce n'eft qu'une excufe pour cacher l'incertitude de l'Art. Quelles font les variétés de tempérament qui changent les effets du kinkina fur la fièvre, & qui rendent un autre remède préférable ? La médecine eft bien éloignée d'être au point où l'on pourroit déduire le traitement des maladies de la connoiffance des caufes & des effets : jufqu'ici le meilleur Médecin eft celui qui raifonne le moins & qui obferve le plus.

Après ces expériences qui intéreffent immédiatement l'efpèce humaine, en voici d'autres qui peuvent encore y avoir quelque rapport, & qu'on pourroit faire fur les animaux. On ne regardera pas fans doute cette partie de l'Hiftoire Narurelle comme indigne de l'attention d'un Prince, & des recherches d'un Philofophe, lorfqu'on penfera au goût qu'Alexandre eut pour elle, & à l'homme qu'il chargea de la perfectionner. Nous avons encore le réfultat de ce travail ; mais on peut dire qu'il ne répond guère à la grandeur du Prince, ni à celle du Philofophe. Quelques Naturaliftes modernes ont mieux réuffi : ils nous ont donné des defcriptions plus exactes, & ont rangé dans un meilleur ordre les claffes des animaux. Ce n'eft donc pas là ce qui manque aujourd'hui à l'Hiftoire Naturelle ; & quand cela y manqueroit, ce ne feroit pas ce que je fouhaiterois le plus qu'on y fuppléât. Tous ces traités des animaux que nous avons, les plus méthodiques même, ne forment que des tableaux agréables à la vûe. Pour faire de l'Hiftoire Naturelle une véritable fcience, il faudroit qu'on s'appliquât à des recherches qui nous fiffent connoître, non la figure particulière de tels ou tels animaux, mais les procédés généraux de la Nature dans leur production & leur confervation.

Ce travail à la vérité n'eft pas abfolument de ceux qui ne peuvent être entrepris fans la protection & les bienfaits du Souverain : plufieurs de ces expériences ne feroient pas au-deffus de la portée des fimples particuliers ; & nous avons quelques ouvrages qui l'ont bien fait voir : cependant il y a de ces expériences qui exigeroient de grandes dépenfes, & toutes peut-être auroient befoin d'être dirigées de manière à ne pas laiffer les phyficiens dans un vague qui eft le plus grand obftacle aux découvertes.

Les ménageries des Princes dans lefquelles fe trouvent des animaux d'un grand nombre d'efpèces, font déjà pour ce genre de fcience des fonds dont il feroit facile de tirer beaucoup d'utilité. Il ne faudroit qu'en donner la direction à d'habiles Naturaliftes, & leur prefcrire les expériences.

On pourroit éprouver dans ces ménageries ce qu'on raconte des troupes de différens animaux, qui raffemblés par la foif fur les bords des fleuves de l'Afrique, y font, dit-on, ces alliances bizarres d'où réfultent fréquemment des monftres. Rien ne feroit plus curieux que ces expériences : cependant la négligence fur cela eft fi grande, qu'il eft encore douteux fi le taureau s'eft jamais joint avec une âneffe, malgré tout ce qu'on dit des jumars.

Les foins d'un Naturalifte laborieux & éclairé feroient naître bien des curiofités en ce genre, en faifant perdre aux animaux, par l'éducation, par l'habitude & le befoin, la répugnance que les efpèces différentes ont d'ordinaire les unes pour les autres. Peut-être même parviendroit-on à rendre poffibles des générations forcées, qui feroient voir bien des merveilles. On pourroit d'abord tenter fur une même efpèce ces unions artificielles ; & peut-être dès le premier pas rendroit-on en quelque forte la fécondité à des individus qui par les moyens ordinaires paroiffent ftériles : mais on pourroit encore pouffer plus loin les expériences, & jufque fur les efpèces que la nature porte le moins à s'unir. On verroit peut-être de-là naître bien des monftres, des animaux nouveaux, peut-être même des efpèces entières que la Nature n'a pas encore produites.

Il y a des monftres de deux fortes : l'une eft le réfultat de femences de différentes efpèces qui fe font mêlées : l'autre, de parties toutes formées qui fe font unies aux parties d'un individu d'une efpèce différente. Les monftres de la première forte fe trouvent parmi les animaux ; les monftres de la feconde ne fe trouvent jufqu'ici que parmi les arbres. Quelques Botaniftes prétendent être parvenus à faire, parmi les végétaux, des monftres de la première forte : feroit-il impoffible de parvenir à faire fur les animaux des monftres de la feconde ?

On connoît la reproduction des pattes de l'écreviffe, de la queue du lézard, de toutes les parties du polype. Eft-il probable que cette merveilleufe propriété n'appartienne qu'à un petit nombre d'animaux dans lefquels on la connoît ? On ne fauroit trop multiplier fur cela les expériences : peut-être ne dépend-il que de la manière de féparer les parties de plufieurs autres animaux, pour les voir fe reproduire.

Les obſervations microſcopiques de M. de Buffon & de M. Needham nous ont découvert une nouvelle nature, & ſemblent nous mettre en droit d'eſpérer quelque nouvelle merveille. Elles ſont ſi curieuſes & ſi importantes, que quoique l'expérience ait fait voir qu'elles n'étoient pas au-deſſus de la portée des particuliers, elles mériteroient cependant d'être encouragées par le Gouvernement ; qu'on y appliquât pluſieurs obſervateurs ; qu'on leur diſtribuât les différentes matières à obſerver ; & qu'on propoſât un prix pour l'opticien qui leur auroit fourni le meilleur microſcope.

———

Miroirs brûlans.

Avec nos bois, nos charbons, & toutes nos matières les plus combuſtibles, nous ne pouvons pouſſer les effets du feu que juſqu'à un certain degré, qui n'eſt que peu de choſe, ſi on le compare aux degrés de chaleur que la terre ſemble avoir éprouvés, ou à celui que quelques comètes éprouvent dans leur périhélie. Les feux les plus violens de nos chymiſtes ne ſont peut-être que de trop foibles agens pour former & pour décompoſer les corps : & de-là viendroit que nous prendrions pour l'union la plus intime, ou pour la dernière décompoſition poſſible, ce qui ne ſeroit que des mélanges imparfaits, ou des ſéparations groſſières de quelques parties. La découverte du miroir d'Archimède que vient de faire M. de Buffon, nous fait voir qu'on pourroit conſtruire des tours brûlantes, ou des amphithéâtres chargés de miroirs qui produiroient un feu dont la violence n'auroit, pour ainſi dire, d'autres limites que celles qu'a le ſoleil même.

Les expériences précédentes ne regardent que les corps ; il en eſt d'autres à faire ſur les eſprits plus curieuſes encore, & plus intéreſſantes.

Le ſommeil eſt une partie de notre être, le plus ſouvent en pure perte pour nous ; quelquefois pourtant les ſonges rendent le ſommeil auſſi vif que la veille. Ne pourroit-on point trouver l'art de procurer de ces ſonges ? L'opium remplit d'ordinaire l'eſprit d'images agréables : on raconte de plus grandes merveilles encore de certains breuvages des Indes : ne pourroit-on pas faire ſur cela des expériences ? N'y auroit-il pas encore d'autres moyens de modifier l'ame ? Il y a des tems où ſon commerce avec les objets extérieurs eſt affoibli, ſans être tout-à-fait interrompu ; des momens qui n'appartiennent ni à la veille, ni au ſommeil ; où la plus légère circonſtance change ſon état.

Nos expériences ordinaires commencent par les ſens, c'eſt-à-dire, par les extrémités de ces filets merveilleux qui portent leurs impreſſions au cerveau. Des expériences qui partiroient de l'origine de ces filets, faites ſur le cerveau même, ſeroient vraiſemblablement plus inſtructives. Des bleſſures ſingulières en ont fourni quelques-unes ; mais il ne ſemble pas qu'on ait beaucoup profité de ces occaſions rares ; & l'on auroit plus de moyens de pouſſer les expériences, ſi l'on y faiſoit ſervir ces hommes condamnés à une mort douloureuſe & certaine, pour qui elles ſeroient une eſpèce de grace. On trouveroit peut-être par-là le moyen, s'il en eſt quelqu'un, de guérir les foux.

On verroit peut-être des conſtitutions de cerveau bien différentes des nôtres, ſi l'on pouvoit avoir quelque commerce avec ces géans des Terres Auſtrales, ou avec ces hommes portant des queues, dont nous avons parlé.

On voit aſſez en général comment les langues ſe ſont formées : des beſoins mutuels entre des hommes qui avoient les mêmes organes, ont produit des ſignes communs pour ſe les faire comprendre. Mais les différences extrêmes qu'on trouve aujourd'hui dans ces manières de s'exprimer, viennent-elles des altérations que chaque père de famille a introduites dans une langue d'abord commune à tous ? ou ces manières de s'exprimer ont-elles été originairement différentes ? Deux ou trois enfans, dès le plus bas âge, élevés enſemble ſans aucun commerce avec les autres hommes, ſe feroient aſſurément une langue, quelque bornée qu'elle fût. Ce feroit une choſe capable d'apporter de grandes lumières ſur la queſtion précédente, que d'obſerver ſi cette nouvelle langue reſſembleroit à quelqu'une de celles qu'on parle aujourd'hui, & de voir avec laquelle elle paroîtroit avoir le plus de conformité. Pour que l'expérience fût complète, il faudroit former pluſieurs ſociétés pareilles, les former d'enfans de différentes nations, & dont les parens parlaſſent les langues les plus différentes ; car la naiſſance eſt déjà une eſpèce d'éducation : voir ſi les langues de ces différentes fociétés auroient quelque chofe de commun, & à quel point elles fe reffembleroient… Il faudroit furtout éviter que ces petits peuples appriffent aucune autre langue, & faire en forte que ceux qui s'appliqueroient à cette recherche, appriffent la leur.

Cette expérience ne fe borneroit pas à nous inftruire fur l'origine des langues : elle pourroit nous apprendre bien d'autres chofes fur l'origine des idées mêmes, & fur les notions fondamentales de l'efprit humain. Il y a affez longtems que nous écoutons des philofophes dont la fcience n'eft qu'une habitude & un certain pli de l'efprit, fans que nous en foyons devenus plus habiles : des philofophes naturels nous inftruiroient peut-être mieux ; ils nous donneroient du moins leurs connoiffances fans les avoir fophiftiquées.

Après tant de fiècles écoulés, pendant lefquels malgré les efforts des plus grands hommes, nos connoiffances métaphyfiques n'ont pas fait le moindre progrès, il eft à croire que s'il eft dans la nature qu'elles en puiffent faire quelqu'un, ce ne fauroit être que par des moyens nouveaux, & auffi extraordinaires que ceux-ci.

Après vous avoir parlé de ce qu'on pourroit faire pour le progrès des fciences, je dirai un mot de ce qu'il feroit peut-être auffi à propos d'empêcher. Un grand nombre de gens, deftitués des connoiffances néceffaires pour juger des moyens & du but de ce qu'ils entreprennent, mais flattés par des récompenfes imaginaires, paffent leur vie fur trois problèmes qui font les chimères des fciences : je parle de *la Pierre Philofophale*, de *la Quadrature du Cercle*, & du *Mouvement perpétuel.* Les Académies favent le tems qu'elles perdent à examiner les prétendues découvertes de ces pauvres gens ; mais ce n'eft rien au prix de celui qu'ils perdent eux-mêmes, de la dépenfe qu'ils font, & des peines qu'ils fe donnent. On pourroit leur défendre la recherche de la Pierre philofophale comme leur ruine, les avertir que la Quadrature du cercle, pouffée au-delà de ce qu'on a, feroit inutile, & qu'il n'y a aucune récompenfe promife à celui qui la trouveroit ; & les affurer que le Mouvement perpétuel eft impoffible.

FIN.